Rheinisch-Westfälische Akademie der Wissenschaften

Geisteswissenschaften   Vorträge · G 213

Herausgegeben von der
Rheinisch-Westfälischen Akademie der Wissenschaften

HANS KAUFFMANN

Probleme griechischer Säulen

Westdeutscher Verlag

206. Sitzung am 15. Oktober 1975 in Düsseldorf

© 1976 by Westdeutscher Verlag GmbH Opladen
Gesamtherstellung: Westdeutscher Verlag GmbH

ISBN-13: 978-3-531-07213-5   e-ISBN-13: 978-3-322-86141-2
DOI: 10.1007/978-3-322-86141-2

Meinem Enkel
Karl Fritsch

Vorwort

Auf den folgenden Seiten kommt der Vortrag zum Abdruck, wie er am 15. Oktober 1975 gehalten wurde. Dagegen bringen die 36 Reproduktionen nur eine Auswahl aus den damals vorgeführten Lichtbildern. Demgemäß werden mehr Beispiele besprochen als hier abgebildet sind – für sie wird an den geeigneten Stellen des Textes auf Veröffentlichungen wie G. Rodenwaldt-W. Hege: Die Akropolis, Berlin 1930 (abgekürzt Rdw.) oder Sp. Meletzis und H. Papadakis: L'Acropole et le Musée, München – Zürich – Athen 1967 (abgekürzt Acrop.) verwiesen.

Die hier vorgelegten Gedankengänge sind im Sommer 1967 durch anhaltende Betrachtungen der Tempel in Paestum eingeleitet und im Jahr 1972 durch längere Studien in Griechenland weitergeführt worden. Dem Deutschen Archaeologischen Institut in Athen, seinem damaligen Direktor Herrn Prof. Dr. Ulf Jantzen und seinen Mitarbeitern, statte ich für großzügige Gastfreundschaft und für alle Arbeitsmöglichkeiten in der Bibliothek wie in der Photographiensammlung meinen wärmsten Dank ab. Dankbar gedenke ich auch des ermutigenden Interesses der leitenden Herren von Sternwarte und Planetarium in Athen-Piräus.

Hans Kaufmann

In dieser Stunde möchte ich auf eine Wirkungsweise der kannelierten Säulen, vorwiegend an griechischen Tempeln aufmerksam machen, die nach meiner Übersicht bisher weder wahrgenommen noch erwogen, jedenfalls nicht ins Gespräch gebracht worden ist – hauptsächlich wohl, weil, soviel ich sehe, keine literarische Quelle von den Phänomenen spricht, die mir vor Jahren aufgefallen sind. Infolgedessen werden sich meine Hinweise nicht auf schriftliche Überlieferungen berufen können und gelangen deshalb, selbst wenn die optischen Demonstrationen einleuchtend wirken, nicht über die Hypothese hinaus – eine Lage, wie sie auch in anderen Problemkreisen angetroffen werden kann. Jedoch dürfte die Nichtbeachtung auch von einer neuerdings verbreiteten Allgemeinvorstellung vom griechischen Tempel als einem autonomen, in sich ruhenden Architekturwerk beeinflußt worden sein. Ist doch beispielsweise von Gerhard Rodenwaldt ausgesprochen worden: „Zum Wesen des griechischen Tempels wie der Statue gehört die Autarkie, das Sichselbstgenügen. Sie dulden keine künstlerische Beziehung zu irgend etwas, was außerhalb ihrer liegt ... Es ist der Grundzug der griechischen Humanität, der sich in dieser Autarkie des Kunstwerks äußert." Eine doch recht einseitige Aussage abgesehen davon, daß dergleichen jedem Kunstwerk als einer Ganzheit eignet. Übrigens gibt es nicht nur von einem Künstler wie Adolf von Hildebrand eine konträre Äußerung[1]. Sollten nicht die

---

[1] G. Rodenwaldt: Die Akropolis. Berlin 1930, 27; nach einem Diskussionsbeitrag von Herrn Prof. Dr. Himmelmann meint der zitierte Satz die Isoliertheit des Baues, das Ausbleiben achsialer Bezüge wie etwa im Barock, was freilich aus G. Rodenwaldts Formulierung nicht herauszulesen ist und ob wirklich maßgebend, wenn man sich an Agrigent, an Lindos, an den Parallelismus der drei Tempel in Paestum, an die annähernde Richtungsgleichheit zwischen Parthenon und Propyläen erinnert? Nachdrücklicher als G. Rodenwaldt hat H. Kähler, Der griechische Tempel, Wesen und Gestalt. Berlin u. a. (1964), 18 denselben Gedanken wiederholt. Anders H. Hettners Beschreibung des Apollotempels von Phigalia-Bassai mitsamt seiner Umgebung. Griechische Reiseskizzen. Braunschweig 1853, 235ff.; G. Gruben: Die Tempel der Griechen. München 1966, 302: „Der Tempel D, sog. Juno-Lacinia-Tempel (in Acragas) um 450, mit sicherer Einsicht in die Wechselbeziehung zwischen Landschaft und Baukörper"; E. Kirsten und W. Kraiker: Griechenlandkunde. 5. Aufl. Heidelberg 1967, 2. Bd. 496 (über den Apollotempel-Bezirk auf Delos): „Hier wirkt noch die alte Gestalt und Auffassung des griechischen

Sanktuarien in erster Linie als Weihe- oder Kultstätten, auch als Schatzhäuser anerkannt, in einer höheren Schicht nach ihrer künstlerischen Gestaltung eingeschätzt werden? Die τέμενοι, nicht nur örtlichen oder Stadtgottheiten geweihte Bezirke standen und stehen in lokalen, regionalen und kosmischen Zusammenhängen: Gipfel- und Höhenlagen, Tempel, die Landschaftsbezirke weihen, Städte und Märkte überragen und beschirmen, wie das Hephaisteion auf dem Athener κολωνὸς ἀγοραῖος (Abb. 1), Vorgebirge krönen, auf Meere hinauswirken, Küstenbevölkerungen schützen, vollends die Orientation, über die F. C. Penrose, H. Nissen und William Bell Dinsmoor belehrt haben[2]; Einbettung in das von Göttern durchwirkte Naturganze (φύσις), τὸ ἱερὸν auf Erde, Haine, Berge und Flüsse ausstrahlend und umgekehrt die Umwelt an sich ziehend. Bleibt diese Symbiose außer acht, so werden die mythischen Grundlagen und Begleitideen eines Tempels, die sakralen Bestimmungen und Attribute beiseite gelassen[3]. Gleichermaßen sollte die Totalität der Sachgebiete bedacht werden, denen ein Architekt nach Vitruvs, versunkenen griechischen Schriftquellen entlehnter Zusammenstellung (I 1), gewachsen sein müßte: „Architecti est scientia pluribus disciplinis et variis eruditionibus ornata ... et ut literatus sit, peritus graphidos, eruditus geometria, historias complures noverit, philosophos diligenter audierit, musicam scierit, medicinae non sit ignarus, responsa jurisconsultorum noverit, astrologiam coelique rationes cognitas habeat." Sein VI. Buch verbreitet sich über die astrologischen d. h. astronomischen Themen: „ex astrologia cognoscitur oriens, occidens, meridies, septentrio etiam coeli ratio, aequinoctium, solstitium, astrorum cursus, quorum notitiam siquis non habuerit horologiorum rationem omnino scire non poterit."[4] Vielfach kommt Vitruv auf Lagebedingtheiten, Klimaverhältnisse, kosmische Einordnungen einzelner Bauten, komplexerer Gruppierungen, ganzer Stadtanlagen zu sprechen. Denkt er hierbei zumeist an profane Unternehmungen, so spielen diese Gesichtspunkte doch in alle Bereiche hinüber. Oft wird auf Positionen zum Licht – in Zukehr wie in Abkehr –, auch zu Winden, er-

---

Heiligtums nach" als eines „geheiligten Teils der Natur selbst..." Ad. von Hildebrand: Gesammelte Schriften zur Kunst, bearbeitet von Henning Bock. Köln/Opladen 1969, 391 (am Schluß einer kurzen Kritik beabsichtigter Änderungen an der Engelsburg/Rom).

[2] F. C. Penrose: An Investigation of the Principles of Athenian Architecture. New and enlarged Edition. London 1888 und weiteres 1893, 1897; H. Nissen: Templum. Berlin 1869 und Orientation I 1906; W. B. Dinsmoor: The Architecture of Ancient Greece. London 1950. Vorzüglich R. V. Schoder: Das antike Griechenland aus d. Luft. 1975.

[3] Hierzu E. Cassirer: Philosophie der symbolischen Formen. 2. Tl. Oxford 1954, 124 und 131ff.; J. Burckhardt: Griechische Kulturgeschichte. I Leipzig (Kröner-Verlag) 1939, 349, 351 u. ö.

[4] Dazu die enger gefaßten Bestimmungen I 8.

wünschten und unerwünschten, verwiesen⁵. Schon I 6 wird der Athener „Turm der Winde" des Andronikos Kyrrestes, eines Syrers, 1. Jahrhundert v. Chr., erläutert und rekonstruiert⁶ und als Orientierungsmarke für Windrose und Sonnenstand der Gnomon (γνώμων) in Erinnerung gebracht: „indagator umbrae qui graece σκιοτὴρ dicitur". Kann es verwundern, daß das IX. Buch eigens den Himmelskörpern und ihren Gezeiten gilt, den Bahnen von Sonne, Mond und Gestirnen beider Halbkugeln des Himmels und daß dieses Buch mit Ausführungen über die Instrumente zu Ende geht, mit denen sich der Lauf des Sonnenlichts aufzeichnen läßt, einschließlich Gnomon und Horologium?

Um nun keine zu hohen Erwartungen zu nähren, liegt mir daran anzukündigen, daß ich weder anspruchsvolle Gedankengänge noch eine weiter ausholende geschichtliche Perspektive vorzubringen habe. Vielmehr möchte ich in gedrängter Fassung für eine ganz bestimmte These eintreten und lade Sie ein, im Hinblick auf sie die Monumente der Athener Akropolis zu umwandern – ein nicht immer bequemer Spaziergang.

Konzentrieren wir uns auf unser eigentliches Thema, die kannelierten Säulen – nicht ohne wenigstens mit einem Wort der außerordentlichen, subtilen Anforderungen zu gedenken, denen die griechischen Steinmetze gerecht werden mußten, um die staunenswerte Exaktheit der Kannelierungen, nicht nur der Kannelierungen, zu erzielen⁷. Fassen wir unsere These ins Auge, daß die kannelierten Säulen neben ihrer vielgerühmten Schönheit und Ausdruckskraft, ihrer Organverwandtschaft, ihrer belebenden, gewächsartigen Spannkraft und Strebefunktion als Zeitmesser, als Sonnenuhren ange-

---

⁵ Nachklänge dieser vitruvianischen Regeln in A. Dürers „Befestigungslehre", 1527, in seinem Plan einer Idealstadt: quadratisch, übereck in der Relation zu den Hauptrichtungen der Windrose; zuletzt Katalog der Nürnberger 500-Jahres-Gedenkausstellung „Albrecht Dürer 1471-1971", 355ff. (A. von Reitzenstein).
⁶ Guide Bleu: La Grèce 1962, 238; W. Rehm: Horologium. Pauly-Wissowa RE, 8. Bd., 1913, 2416ff. Der Athener „Turm der Winde" – seit L. B. Alberti möglicherweise dank Cyriacus von Ancona – in der Renaissance viel beachtet, verschiedentlich rekonstruiert (Filarete; wohl auch A. Dürers Dresdener Skizzenbuch hg. v. R. Bruck, Straßburg 1905, Tafel 144) und nachgeahmt, vorzugsweise in England: Cambridge „Gate of Honor" des Gonville and Caius College, Senathouse-Street (1558), oder nach sehr dankenswerter Mitteilung von Herrn Prof. Dr. J.-Chr. Klamt, Berlin, das Radcliffe Observatory in Oxford (1771); später das Humboldt-Schloß in Berlin-Tegel von Fr. Schinkel (1821-24).
⁷ Erinnernswert die minimale Kurvierung der Horizontalen des Parthenon: Schmalseiten 31 m lang, Ausbiegung 0,059–0,067 m, Längsseiten 70 m lang, Ausbiegung 0,107–0,109; G. Rodenwaldt: a. a. O., 28f., dazu ebenda: die Abweichung der Säulenachse von der Senkrechten (durch Einwärtsneigung) 7 cm, die Entasis 17 mm bei einer Säulenhöhe von 10,433 m.

sehen werden können. Zur Veranschaulichung werde ich mich auf einen repräsentativen Denkmälerkreis einschränken dürfen: Was sich an den großen Schöpfungen auf der Athener Akropolis, an Erechtheion (407 vollendet), Propyläen (432 vollendet) und Parthenon (447 – 442 – 432)[8] demonstrieren läßt, darf weiterreichende Geltung beanspruchen, und umgekehrt wird kaum noch verfolgenswert erscheinen, was an solchen Hauptwerken versagt. Was diese Bauten, Erstlinge unter Marmortempeln, einigt, ist ihre Allseitigkeit, die Hinkehr gleichförmiger Ordnungen nach den vier Himmelsgegenden unter den führenden Richtungslinien des umfassenden Rechtecks von Stylobat (κρηπίς) und Epistyl. Einige einfache, nicht immer ausdrücklich bedachte Bestimmungen werden im voraus festgelegt werden dürfen nach dem Grundsatz, zunächst über Morphologisches zu sprechen, bevor von Funktionen die Rede sein kann.

Dorische wie ionische (gleich ihnen korinthische) Säulen sind bekanntermaßen von einer durch 4 teilbaren Zahl gattungsgleicher Kannelüren – σκάφαι, ῥαβδώσεις – umgeben: 12, 16, 20 und 24, an frühen ionischen Einzelsäulen bis zu 36 und 48[9]. Die Kehlen entsprechen auch im 5. Jahrhundert noch keineswegs den von Vitruv überlieferten Regeln, nach denen die Konkaven dorischer Ordnung einen Viertelkreis = 90°, die Kehlen ionischer Ordnung einen Halbkreis = 180° beschreiben. Selbst auf der Athener Akropolis treffen wir wie in Olympia (Abb. 2–3) außer in den Zahlen 20 und 24 nebst entsprechenden Breitendifferenzen keine nennenswerten Unterschiede zwischen dorischen und ionischen Kannelüren an: flache, nicht ganz einen Viertelkreis erreichende, keine geometrisch regelmäßige Buchten zwischen Graten[10] und noch nirgends ionische Stege (Abb. 6).

Alle Außensäulen eines Peripteral oder eines Tempels wie des Erechtheion sind typengleich[11] und haben gleich viele Kannelüren, in der Regel 20 oder 24 – verschiedene Kannelürenzahlen fand man an Säulen des Heraion von Olympia. Es gibt auch an dorischen Säulen 24 Kannelüren: Hera- oder

---

[8] H. Schrader: Phidias. Frankfurt 1924.
[9] Ungewöhnliche Ausnahme: Am ionischen Apollotempel zu Naukratis (Ägypten um 566) hat W. B. Dinsmoor (a. a. O., 125f.) vermerkt: „the shaft has twenty-five shallow flutes".
[10] H. Brunn: Griechische Kunstgeschichte. Nachgelassene Theile hg. v. A. Flasch. 2. Buch: Die archaische Kunst. München 1897, 11, spricht im Zusammenhang „Der dorische Tempel" von „annähernd elliptischen Riefen" – möglicherweise in Anlehnung an Penrose „halfelliptic", „false-elliptic" mit dem Vorschlag eines Konstruktionsverfahrens ähnlich Stuart und Revett (Zirkelschläge von drei Zentren aus). Der wichtigste Unterschied gegenüber einem Viertelkreis: steilerer An- und Auslauf der Kurve und entsprechend kräftigerer Tiefenschatten an den Graten.
[11] Dagegen sind Außen- und Innensäulen in der Regel nicht typengleich; dorisch außen, ionisch innen seit Ceres-Apollotempel in Paestum; vgl. J. Charbonneaux, R. Martin, F. Villard: Grèce archaïque. Paris (Gallimard) 1968, 210f.

Poseidontempel in Paestum (Abb. 4), möglicherweise infolge ostionischen Einflusses: nach Ernst Langlotz von Phokaia aus, während an Kap Sunions dorischem Poseidontempel nur 16 Kannelüren zu zählen sind und sich breit dehnen. Immer stehen die Mittelkannelüren an Stirn- und Rückseiten der Säule und wiederum an ihren Flanken in *einer* Flucht mit den Schmal- und Längsseiten des Tempelbaus[12]. Demnach erheben sich sämtliche Säulen achsenparallel, auch an Dipteroi. Mittel- und Flankenkannelüren im Achsenkreuz jeder Säule gehen mit den Längs- und Querkoordinaten des Gesamtbaus überein. Flankenkannelüren von Nachbarsäulen kehren sich spiegelbildlich einander zu. Parallelismus wiederholt sich in den Diagonalkannelüren[13] (Abb. 7).

So angeordnet sind sämtliche Säulen gleichen Beleuchtungsbedingungen ausgesetzt, fangen das Sonnenlicht jederzeit gleichartig auf (Abb. 8). In jeder Reihe ruft die Sonne übereinstimmend beleuchtete und unbeleuchtete Zonen hervor. An den Grenzen der Licht- und Schattenhälften zeichnet sich Säule für Säule jeder Sonneneinfall identisch ab: ein determiniertes Unisono von Hell- und Dunkelzonen, einschließlich der gleichlautenden Abstufungen von Kannelüre zu Kannelüre. Jede solche Konstellation tritt zu ihrer Zeit täglich *einmal* für eine begrenzte Dauer oder Phase auf und rückt im Uhrzeigersinn weiter, wiederholt sich jedoch alltäglich mit der Regelmäßigkeit des Sonnenlaufs. Aus dem Licht- und Schattenparallelismus aller Säulen eines Peripteros folgt, daß sich allein schon an einer einzigen der Beleuchtungsstand und -wandel aller Säulen erfassen und explizieren läßt.

Grundsätzlich oder meistens sind die griechischen Tempel geostet, der Orientierung christlicher Kirchen auch im Grade der Abweichungen vergleichbar[14]. Es gibt so genau geostete Tempel wie das Heraion zu Olympia

---

[12] Am Tempel der Athena-Nike (Athener Akropolis) liegt gegen die Regel in der Mitte ein Grat: irriger Wiederaufbau durch Ludwig Ross 1835 und wieder 1935–39 (in C. Hansens Stichwiedergabe von 1839, Rhys Carpenter: The Architects of the Parthenon. Penguin Books 1970, 87, Abb. 31 berichtigt), infolgedessen aus unseren Betrachtungen auszuscheiden. – In der Regel sind die Kannelüren am Säulenschaft in situ ausgearbeitet worden zwischen fertigen Kehlen an Sockel- und Kapitelltrommeln. Unausgeführte Kannelierungen u. a. in der Halle des Philon-Eleusis, 2. H., 4. Jh. (Kirsten-Kraiker: a. a. O., I, 194).

[13] Die Verschiedenheiten der Grundrißverhältnisse, ob altertümlich gestreckt oder jüngerer Entstehung gemäß gedrungener, sind für unsere Betrachtung ohne Belang; gleiches gilt von Unregelmäßigkeiten der Interkolumnien (A. Springer-P. Wolters: Die Kunst des Altertums. 12. Aufl., Leipzig 1923, 147) wie von etwas elliptischen Querschnitten verstärkter Ecksäulen.

[14] C. A. Doxiadis: Pauly-Wissowa RE. Suppl. VII, 1283ff.; dazu die grundlegenden Untersuchungen von H. Nissen 1869, F. C. Penrose und W. B. Dinsmoor, vgl. S. 10, Anm. 2; neuerdings G. Gruben: a. a. O. und Kirsten-Kraiker: a. a. O., ebenda über gewestete Anlagen, von Vitruv IV, 5, als Normalfall dargestellt – richtiger: kleinasiatische Besonderheit.

(um 600), mehr noch der Zeustempel, der Zeustempel von Nemea und das peisistratische Olympieion zu Athen, der Apollotempel in Selinunt (1. H. 5. Jh.), daneben wieder und wieder Divergenzen bis zu einem Spielraum zwischen 2 × 30°; ausnahmsweise südwärts gekehrt der Tempel der Leto auf Delos (M. 6. Jh.) und gar der Apollotempel zu Thermos und Bassai-Phigalia (letzterer 420–417) von Iktinos, dem Erbauer des Parthenon. Parthenon und Propyläen sind nur zwischen 12° und 13° nach Nordosten gedreht, das Erechtheion nicht einmal 5°.

Dermaßen orientiert ähnelt die Säule einer Art Heliotrop. Die Kannelüren grenzen mit ihren Graten oder Stegen errechnete und rundum gleichbleibende Maßeinheiten, regelmäßig abgesteckte Phasen ein. Bei 24 Kannelüren, dorisch oder ionisch, ist eine von der anderen um 15° abgedreht, und um 15° schreitet die Sonne stundenweise vorwärts, erreicht also von Stunde zu Stunde eine nächst anschließende, vorausliegende Kehle[15]. Von ὁρίζειν begrenzen, Grenzen abstecken, wollte Plato (Krat. 410 c) ὥρα ableiten, ein Begriff, der Räumliches – auf die vier Himmelsgegenden hin (Herodot I 142, 149; III 106) – und Zeitliches – für Jahres- und Tageszeiten – besagte, erst später Stunden bedeutete (Hipparch 2. Jh. v. Chr.)[16].

Fassen wir den Beleuchtungsgang näher ins Auge. Die Sonne bescheint, etwas vereinfacht gesagt, jeweils das halbe Säulenrund (± 180°). Trifft sie geradeswegs auf eine Kannelüre – beispielsweise die südwärts gekehrte Mittelkannelüre, die nicht mit dem Mittagsmeridian zusammenzufallen braucht, so bescheint sie 11 von 24 Kannelüren und findet an den um 90° abgekehrten Kehlen, den ost- und westwärts flankierenden, ihre Grenze. Steht die Sonne 7½° weiter oder eine halbe Stunde später einer Kante oder einem Steg gegenüber, so breitet sie sich über 12 Kehlen aus, erweckt noch oder schon an den tangentialen Kehlen ein Randlicht. Drei Zonen heben sich

---

[15] W. Sontheimer: Zeitrechnung. Pauly-Wissowa RE IX A, 2, 18. Halbband, Sp. 2377 berichtet über das Grab des Senmut (anhand von A. Pogo Isis XIV, 1930, 301ff., Tfl. 3ff.), wo drei mächtige Kreise in je 24 Sektoren geteilt u. mit Monatsnamen beschriftet sind, von Parker § 221 als „the twenty-four segments each an hour of the feast-Day" – „zweifellos aufzufassen als ὥραι καιρικαί" –, „woraus mindestens schon um 1500 vorhandene Rechnung mit Gleichstunden zu erschließen d. h. mit ¹/₂₄ Volltag-Teilen … vom Handwerker vergessen oder keine Unterlage von Tempelastronomen vorhanden, in welchem Zahlenverhältnis in den einzelnen Monaten die Zahl der Nachtstunden abzuschattieren". – Die Einteilung des Kreisumfangs in 360° überraschend spät, weder bei Euklid noch bei Eratosthenes, vielmehr erst bei Hypsikles belegbar (2. Jh.), M. Cantor: Geschichte der Mathematik. New York/Stuttgart 1965, I 360).

[16] W. Pape: Griech.-Deutsches Handwörterbuch. 2. Ausg. Braunschweig 1974, II, 1388f. und 1071. – Das Ineinssehen von Winden, Windrichtungen und Uhrzeiten (Stunden), wie am „Turm der Winde", wird auch beleuchtet durch J. Baltrusaitis: Cosmographie chrétienne dans l'Art du Moyen Âge. Paris 1939, 15ff., 27ff.

ab: eine schattenlose Lichtbahn zwischen graduell schmäler werdenden Belichtungen und breiter werdenden Beschattungen, indem die Helligkeit vor ihr liegende Schattigkeit verdrängt und andererseits in nachrückendem Dunkel versinkt. Die schattenlose Lichtbahn kann sich auf drei bis vier Kannelüren verbreitern, doch werden deren verschiedene Beleuchtungsintensitäten dem aufmerksamen und geübteren Blick nicht entgehen: Die Helligkeit kulminiert unter frontaler Bestrahlung, so daß sie reflektiert wird und widerstrahlt, eine Blendwirkung, die die Einfallsrichtung des Sonnenlichts erkennbar macht. Zum anderen markiert sich die Sonnenstellung an den Grenzen der Licht- und Schattenhälften des Säulenrunds. Liegen etwa beide Kannelüren der Tangenten gänzlich im Schatten, dann scheint die Sonne orthogonal auf die Frontachse – ein Zustand, der rasch vorübergeht: Eine, zwei Minuten zuvor wird die rechte Tangente (die östliche bzw. die südliche) noch von einem Gratlicht gestreift, und dieses erlischt, sobald diametral gegenüber (westlich bzw. nördlich) ein ebensolches Kantenlicht aufleuchtet (Abb. 2–3). Der Fortschritt der Sonne beansprucht für einen Grad vier Minuten. Übersteigt der Einfallswinkel nach Ablauf einer Stunde 15° oder bei 20 Kannelüren nach 72 Minuten 18°, so erleuchtet der Sonnenschein die nächst spätere, links anschließende Kannelüre, während die rechts (nördlich, östlich oder südlich) korrespondierende in den Schatten zurücktritt. Eine solche periodische Folge gleitet im Uhrzeigersinn um die Säule herum, und am Zugewinn einer Kannelüre ist die Sonnenwanderung stündlich abzuschätzen.

Es ist angebracht, sich zu vergegenwärtigen, daß nur in Kannelüren d. h. Konkaven zwischen Kanten oder Stegen Schatten von derartiger Randschärfe zustande kommen, daß sich Licht und Dunkel, das Anwachsen und Schwinden ihrer Breiten kontrastierend abzeichnen und an ihren Verschiebungen – größeren oder kleineren – das Vorschreiten des Sonnenlichts verfolgbar und abmeßbar wird, ein Zeichen des hellenischen Sinnes für Maß und Zahl[17]. An Ägyptens älteren Säulen, „Lotos-" oder „Papyrussäulen" (seit dem Alten Reich um 2500, Luxor 18. Dynastie) ringsum mit Konvexen, mit „Stengeln" belegt, können sich nur diffuse, schummerige Übergänge zwischen Hellerem und Dunklerem einstellen, die sich einer Bemessung entziehen, während sich die womöglich noch früheren sog. protodorischen Säulen Ägyptens wie in Der-el-Bahri oder in Benhasan – mehrseitig abgefaßt, 8–16seitig, flach gefurcht, nicht verjüngt – den griechischen nähern.

---

[17] Charbonneaux, Martin, Villard: Grèce classique. Paris (Gallimard) 1969, 20; Die Viertelkreisbucht (oder Halbellipse) ist noch nicht ganz schattenlos, wenn die Sonne in einem Winkel von 45° auftrifft, die ausgebildete ionische Halbkreisfurche, wenn ihr Licht in einem Winkel bei 90° einfällt.

Diese Anordnungen und Prozesse der σκιοθηρικοί γνώμωνες schließen sich darin zusammen, daß die kannelierten Säulen eines griechischen Peripteraltempels als Zeitmesser, als ὡρολόγια σκιοθηρικά (laut Anaximander, Thalesschüler ab 6. Jh.), geeignet und brauchbar sind, bei Sonnenschein mit den Tagesstunden mitgehen und deren Ablauf registrieren. Doch wenn die Säule als Zeit-, ihre Kehlen als Stundenmesser benützbar werden, von welcher Zeit ist hier die Rede? Nicht von der, die unsere Chronometer angeben. Wir zählen nach mitteleuropäischer Zonenzeit (MEZ), die am 1. April 1893 gesetzlich eingeführt ward, zehn Jahre nachdem 1883 der Meridian von Greenwich als Null-Meridian international anerkannt worden war mit der Vereinbarung, von ihm aus ost- und westwärts jeweils 15 Längengrade als Stundenmaße anzusetzen. Für Athen auf 23,6° östlicher Länge (sehr genau auf dem 38. Breitengrad) hat sich gegen Greenwich eine um 1 Stunde und 34.4 Minuten frühere Zeitlage ergeben[18]. Ebenso wenig kann für die Antike die Anfang des 19. Jhs. eingeführte Zeitgleichung „aequatio temporis" in Anrechnung gebracht werden, dazu ersonnen, die Geschwindigkeitsschwankungen des Sonnenlaufs (infolge der Ekliptik) auszugleichen, die sogenannte „gemittelte oder mittlere Sonne", mit der regional z. B. von Königsberg bis Aachen allzeit gleiche, streng genommen fiktive Stundenzählungen eingeführt worden sind. Selbst die verschiedene Stundendauer infolge der antiken Einteilung aller Sommer- und Wintertage und -nächte in je 12 Stunden, so daß sich die 12 Tagesstunden bis zu den Solstitien im Juni auf 80 Minuten (= 20° Sonnendrehung) verlängerten, bis zum 22. Dezember auf 40 Minuten (= 10°) verkürzten, die Nachtstunden vice versa, zur Zeit der Aequinoctien auf 60 Minuten (= 15°) einspielten – auch diese jahreszeitlichen Schwankungen oder Stundendifferenzen lasse ich außer Betracht. Entspricht ihnen doch kein veränderter Sonnenstand oder besser gesagt kein veränderter Einfallswinkel, der sich vielmehr in summa konstant hält. Vielmehr beinhalten diese variablen Zeitmaße nur eine flexible dem Jahreswechsel angepaßte Interpretation, eine wandelbare Zeitnutzung, Berechnung und Bezeichnung der Stunden längerer und kürzerer Tage. *Wir* sehen an den Säulen und ihren Kannelierungen nichts anderes abgezeichnet als ganz direkt und unmittelbar die örtlich „wahre Sonnenzeit" gleich wie an Sonnenuhren mit einfacher Stundenskala ohne überlokal normalisierte Zeiteinheiten. Mit anderen Worten: Die an den Säulen der Akropolis abzulesende Stundenskala gibt die Athener Ortszeit an, heutzutage nicht anders als in der Antike, und man

---

[18] Bei dieser und der folgenden Darlegung stütze ich mich auf Text und Tabellen von L. M. Loske: Die Sonnenuhren. Kunstwerke der Zeitmessung und ihre Geheimnisse. 2. Aufl. Berlin/Heidelberg/New York 1970, 20–29.

könnte daran denken, auf die alte Nomenklatur der Stunden zurückzugreifen.

Die an den Kannelierungen ablesbaren Zeiten orientieren sich an einem Fixpunkt, nämlich an dem Meridian- oder Mittagsstand, der durchgehend auf 12 Uhr „wahrer Sonnenzeit" angesetzt wurde und wird[19]. An sechs Kannelüren à 15° bzw. 5 Kannelüren à 18° – beidemal zusammen 90° – ostwärts zurück durchmißt man die Vormittagsstunden von 6 bis 12 Uhr; ebensoviele westwärts voraus schätzt man die Nachmittagsstunden von 12 bis 18 Uhr ab. Jeder Kannelürengrat oder -steg wirkt wie ein Gnomon. Diese Beobachtungen ermöglichen Zeitbestimmungen von differenzierterer Treffsicherheit als das in der Antike gebräuchliche Abstecken von Schattenlängen mittels – individuell ungleicher – Fußmaße, präziser und meßbarer auch als die Winkel von Windrosen[20].

Zwar hat auf der Athener Akropolis die ionische Säule ihre kanonische Reife noch nicht erreicht. Trotzdem unterscheidet sie sich von den dorischen 20 Kannelüren durch ihre engeren Kehlen zwischen etwas steileren Graten. Beides verschmälert die dominierende Lichtbahn und präzisiert den Sonneneinfall. Des weiteren zeichnet die ionische 24-Kannelürensäule – infolge der Abwinkelung von Kehle zu Kehle um je 15° – die direktere stundenkonforme Zeitangabe aus. Indes sind die Zeitmaße von 15° unschwer auf die dorischen 18° umzurechnen: $6 \times 15° = 5 \times 18° = 90°$; fallen doch auch die Diagonalen zusammen, bei ionischen Säulen von einer Kannelüre aus, bei dorischen von einer Rippe.

Gehen wir endlich zur Anschauung über und erproben an Monumenten, wie sich Beleuchtungszeiten optisch manifestieren. Zuerst an ionischen 24 Kannelüren.

Die einzige in den von Mnesikles 432 vollendeten Propyläen noch heile und aufrechte Säule mit Kapitell „von musterhafter Klarheit und Geschlossenheit"[21], ehemals unter Dach höchstens an späten Sommerabenden kurze Zeit beschienen, kann heutzutage als Beispiel dienen, wie eine ionische Säule Früh- und Spätlicht auffängt und wie es zu ermessen ist (Abb. 9). Die Divergenz der Bauachse ist schon längst bei 12°52'51" nach Nordost[22] zu ermittelt

---

[19] Für diese Berechnungsweise ist mir eine verständnisvolle Beratung meines Berliner astronomischen Kollegen Herrn Prof. Dr. Fritz Hinderer hilfreich gewesen, deren ich dankbar gedenke.
[20] Loske: a. a. O., 1f.
[21] A. Springer-P. Wolters: Die Kunst des Altertums. Leipzig 1923, 152.
[22] Penrose: a. a. O., 1888; vorher übereinstimmend H. Nissen: a. a. O., 1869: 257°7'.

worden. Die Mittagslinie fällt also nicht in die südliche Mittelkehle der Säule, sondern 5°22'51" westlich in das erste Drittel der linken Nachbarkehle[23]. Zwanzig oder wie hier vierundzwanzig Kannelüren machen dem Auge Orientierungshilfen erwünscht: der Stylobat als Parallele zur Mittelkehle, das Kymation zwischen den Voluten (fünf Ovuli über fünf Kannelüren, gelegentlich bemalt) akzentuieren die Achsenkannelüre. Gerade an ihr liegt hier jetzt die Grenze der Licht- und Schattenhälften dieser Säule bei noch tiefstehender Ostsonne, der linke Kehlengrat schon von einer schmalen Lichtbahn der herumblickenden Sonne erhellt. Die Achsenkannelüre wird flach beleuchtet, folglich wird die östliche Flankenkehle nicht mehr frontal, senkrecht, sondern schon etwas darüber hinaus getroffen. Wegen der Deklination des Torbaus um nahezu 13° steht die Sonne noch 7°–8° vor ihrem astronomischen Oststand, den ich bei 270° ansetze, somit bei 262°–263°. Von dem Oststand um 6 Uhr früh sind wir also noch 28–32 Minuten entfernt, so daß sich eine Aufnahmezeit um 5^{28-32} Uhr errechnet.

Dieselbe Säule von links her angesehen, entgegengesetzt in scharfem Abendlicht (Abb. 10). Dank der drei Bänder um die Volute – auch sie gibt es nur gemalt[24] – und dank der Stoßfuge des Architravs sehen wir die westliche Säulenhälfte – ihre Mittelkannelüre zielt unten auf den waagerechten Bruch – bis zu der nördlichen Achsenkehle (ganz links) hell beschienen und über sie hinaus die nachfolgende Kehle. Der schräge Lichteinfall von links erweist sich auch am Gebälk-Schlagschatten und an den Voluten. Deshalb erzeugt die Sonne in der nördlichen Achsenkehle ganz links ein so ansehnliches Lichtband und rührt die folgende an. Sie steht bei 95° der Windrose, also schon über Westen hinaus – das bedeutet eine Zeit um rund zwanzig Minuten nach 18 Uhr.

Seit der Ostbeleuchtung frühmorgens hat die Sonne 193° = 12^{4}/$_{5}$ Kannelüren umwandert, 12 Stunden und 48 Minuten sind darüber hingegangen: von 1/2 6 Uhr bis bald nach 18 Uhr.

Um uns an 24 Kannelürensäulen zu halten, gehen wir zum Erechtheion hinüber, mit frühionischen Säulen (438 begonnen, um 407 vollendet), auf der Akropolis das älteste Heiligtum. Ein Bauwerk sui generis durch Zusamsammenfügung mehrerer ortsbedingter Kultstätten, eigens umschlossener Räume sogar auf verschiedenem Niveau (3 m Differenz). Trotzdem sind seine Säulenordnungen im Osten, Westen und Norden jedem Sonnenstand zugänglich. Richtiger als Propyläen und Parthenon orientiert, kommt das

---

[23] Die links folgende Kannelüre wird durch Bruchstellen von der Beleuchtung erreicht.
[24] S. Karouzou: National archaeological Museum. Collection of Sculpture. Athens 1968, 36, Nr. 4479 (late archaic and early classical).

Erechtheion exakter Ost-Westrichtung erheblich näher: Nach F. C. Penrose's Messungen weicht seine Längsachse nur 4°50′38″ von den astronomischen Hauptrichtungen nach NO–SW ab[25]. An jeder seiner Säulen helfen dem Auge Richtpunkte: Auf dem Zierband unter dem Kapitell alternieren – wie schon ähnlich am Heraion auf Samos – edelste Palmetten- und Lotosblüten und zwar abwechselnd je eine der acht Palmetten über den vier Achsen- und den vier Diagonalkannelüren, und die acht Lotosblüten über je zwei dazwischen liegenden sozusagen neutralen Kehlen, rundum ein Rhythmus in Daktylen –͵◡◡ –͵◡◡ – ◡◡ . . ., deren Längen auf achsiale und diagonale Kannelüren treffen[26]; außerdem markiert jedesmal die lotrechte Stoßfuge die Mitte.

Die Nordvorhalle, ihre sechs Säulen achsenparallel untereinander und zu der sechssäuligen Ostvorhalle, im Morgenlicht: bis an den rechten (westlichen) Grat der nördlichen Achsenkannelüre (Abb. 11). Die rechts benachbarte Kehle schon ganz im Schatten, die Achsenkannelüre noch reichlich erhellt. Daß und wie die Sonne etwas von links vorne kommt, ist auch am Architrav evident, nicht minder am Ausbleiben von Schlagschatten auf Nachbarsäulen. Definierbar wird der Sonneneinfall an den Kannelüren auf 255° der Windrose, das sind 15° vor astronomischer Ostsonne (270°) = eine Stunde vor 6 Uhr d. h. 5 Uhr morgens.

Zwei Ansichten erlauben, größere Zeitstrecken zu ermessen und westliche Abendsonne zu präzisieren (Abb. 12). Beide wirken wie gleichzeitig, doch bald verrät in Rdw. 88 breiterer Schlagschatten des rechten Wandpfeilers ein etwas seitlicheres Westlicht, also einen klein wenig früheren Sonnenstand; dazu flacherer Schlagschatten der Bedachung auf die Portalwand bei sommerlicher Jahreszeit. Hier begrenzt die Achsenkannelüre die Licht- und Schattenhälften, an der links anschließenden Kannelüre meldet sich ein erstes Steglicht leise an. Daran wird ein Sonnenstand bei 100° faßbar, und die Sonne steht über die westliche Flankenkannelüre hinaus fast schon deren nördlicher Nachbarin gegenüber. Seit dem 12 Uhr-Südstand hat die Sonne reichlich 6½ Kehlen umrundet, es ist 18⁴⁰ Uhr geworden. Die Sonne kann in Abb. 12 um die Achsenkehle herumschauen, setzt schon ein zusam-

---

[25] Penrose: a. a. O., 1888, 8.
[26] Im gleichen Rhythmus sehen wir alsbald das korinthische Kapitell mit der Doppelreihe seiner Akanthusblätter auf die vierundzwanzig Säulenkannelüren eingestimmt. Die acht schlankeren, hochstieligen Blätter ragen über den vier achsialen und den vier diagonalen Kehlen auf, die acht niedrigen, breiter auflagernden Blätter über den restlichen acht Kannelürenpaaren, je zwei Kehlen übergreifend. So findet das Auge, auch im Blick auf die Eck- u. Mittelvoluten zu oberst, sicheren Anhalt für die Hauptrichtungen in der Vielzahl der Furchen (Innenseiten der Tholos von Epidauros, vorgeschrittenes 4. Jh., in Athen das Olympieion 2. Jh.).

menhängendes Band ins Licht, rund 5° = 20 Minuten weiter als soeben noch. Bei 105° zählen wir sieben Kannelüren von der südlichen Mittagskehle an und einen Ablauf von sieben Stunden: Wir sehen gerade 19 Uhr angezeigt. Seit morgens 5 Uhr zuvor ist die Sonne bis 18^{40} Uhr an 13,6 Kannelüren vorübergezogen, in etwas über 13½ Stunden, bis 19 Uhr an 14 Kannelüren in 14 Stunden (à 60 Minuten).

Nun ist Morgensonne fast in die Säulenflucht vorgerückt (Rodenwaldt, Tfl. 83–87), so daß sich die vier Nordsäulen gegenseitig größtenteils beschatten. Die Sonne trifft ziemlich genau auf die östlichen Mittelkannelüren, so daß die nördlichen Achsenkehlen dünn und dünner gestreift werden; ein paar Grade weiter, und sie werden vollends im Schatten liegen: ein Sonnenstand bei 262°–263°, das sind 7°–8° über den auf 5 Uhr präzisierten hinaus, und der Gnomon zeigt eine halbe Stunde später an, sagen wir 5^{30} Uhr.

Noch eine geringe Drehung, und nur die Rückseite der Frontsäulen wird beschienen. Kein Licht mehr links auf der Portalwand. Die östliche Achsenkehle in schattenlosem Licht, das sich am Säulenrund abstuft und die nördliche Mittelkannelüre nicht mehr erreicht, wohl aber die südliche. So scheint die Sonne bei einem Einfallswinkel von mindestens 271°[27], kurz nach Überschreiten der astronomischen Ostlinie (270°). Es ist oder war soeben 6^{04} Uhr in der Frühe.

Diese Zeitfolge läßt sich verdichten und zwar an der Ostfront (Abb. 14). Jahreszeitlich verschiedene Sonnenhöhen – Geisonschatten einmal 48°, das andere Mal flacher nur 35° –, bei so gut wie übereinstimmender Tageszeit: Südliches Licht halbiert die Säulen in Hell und Dunkel. In der Achsenkehle kräftiger Schatten neben einer entschiedenen Lichtbahn, während der Steg rechts daneben noch ganz zart oder kaum noch schimmert: Gegenseitige Beschattung von Säule zu Säule wird nicht sichtbar, obwohl rückseitig wirksam. Ein Sonneneinfall unter 337° legt eine Aufnahmezeit um 10^{28}, sagen wir um ½ 11 Uhr, nahe.

Halten wir noch vor der in heller Sonne stehenden Südsäule dieser Ostvorhalle ein (Abb. 13): ganz überschaubar und hell, weil der Schlagschatten der Cella-Südwand noch nicht an sie herankommt. Eine brillante Aufnahme: Südwestsonne am frühen Nachmittag. Die Mittelkannelüre lotrecht unter der geraden Fuge im Architrav hat mehr Licht als Schatten, rund ¾ Licht neben ¼ Schatten. Die rechte, östliche Nachbarkehle über ⅔ verdunkelt

---

[27] Der Schlagschatten der östlichen Mittelsäule tangiert eben noch die Basis der korrespondierenden westlichen Mittelsäule.

[28] Die Stelle der sechsten, nördlichsten Säule nahm das wohlerhaltene Exemplar ein, das mit den „Elgin-Marbles" ins British Museum gelangt und dort sehr günstig zu studieren ist.

oder ⅓ hell. Genau bestimmbar wird die Beleuchtungsrichtung durch die nächstfolgende Kehle, an der fadendünnes Licht nur mehr intermittierend herabtropft. Die Beleuchtung kulminiert in der vierten Kannelüre links von der südlichen Achsenkehle: schattenlos, ihre Ränder überstrahlend. Von ihr fünfmal winkelgerecht abgestufte Beschattung. Dieser Bestrahlung bei 55° entspricht eine Stundenzählung von 3,67 Stunden nach dem 12 Uhr-Meridianstand = bei 15^{40} Uhr.

Wenden wir uns nach diesen Erfahrungen wieder den Propyläen des Mnesikles zu (437–432). Der einzigen mit ihrem Kapitell noch vollständigen ionischen Säule in der Morgen- und Abendsonne füge ich wenige dorische Beispiele hinzu: die Kolonnade der Ostfront in Südansicht (Abb. 15). Fragen wir auch hier nach einer Orientierungshilfe, so bietet sich die quadratische Deckplatte, der Abacus über dem Echinus, an: Er legt die Grundrichtungen Front und Flanken fest und übereck die Diagonalen. Dazu wieder die gerade Stoßfuge normalerweise mitten über dem Abacus, fortgesetzt in der Mittelleiste der Triglyphen: lotrecht darunter die achsiale Kannelüre. Frühsonne läßt die Kapitelle ganz schattenfrei. Strahlendes, fast noch reines Ostlicht bei mehr als halbbeschatteter südlicher Flankenkehle nebst schräg zurückweichendem Säulenschatten auf Boden und Ante. Noch kein Licht in der links anschließenden Kannelüre; der Schlagschatten ihres rechten Grates geht, am Boden erkennbar, knapp vor ihr vorbei. Das heißt, die Sonne hat die südliche Tangente um beinahe 18° überschritten, so daß Beleuchtung der linken Nachbarkehle bevorsteht: ein leicht meßbarer Sonnenstand bei 274°. Die vierte Kannelüre rechts von der südlichen Mittelkehle empfängt, wie gerade noch ersichtlich, frontales Sonnenlicht. Unschwere Zeitbestimmung: ein paar Minuten vor 6^{20} Uhr (6^{16} Uhr).

Die Giebelfront bei Südostsonne (Abb. 17). Die Mittelkehle, unter Stoßfuge und Triglyphenleiste, hat einen noch duftigen Schatten, die nördlich (rechts) anschließende einen tiefen und breiten, mit einem Lichtstreifen neben sich, der auf eine Einstrahlung bei 320° führt, sommerlich steil. Seit 274° um 6^{16} Uhr sind 46° zurückgelegt, somit drei Stunden und vier Minuten vergangen. Auf 9^{20} Uhr kommen wir auch, wenn wir von 12 Uhr bei 360° zurückrechnen. Denn der Abstand von 320° (40°) ist in zwei Stunden und vierzig Minuten zu durchmessen.

Das breitere Interkolumnium in der Mitte (Abb. 16): Man sieht die Sonne noch um einige Grade und Minuten vorgerückt. Eine signifikante Licht-Schattengrenze an der rechten, nördlichen Kante der Achsenkannelüre: Die noch nördlicheren versinken im Dunkel, die südlicheren verfließen in überstrahlendem Licht. Rechts wird der jenseitige Grat noch eben von der Sonne gestreift. Somit steht die Sonne 18° vor der Fluchtlinie der Kolonnade. Für den Sonneneinfall errechnet sich ein Winkel von 329°–330°, und wir lesen eine Zeit um 10 Uhr ab. In Kürze wird die Sonne die südliche Säulenhälfte umfassen, so daß sich die Säulen in der Reihe gegenseitig beschatten.

Erproben wir unsere Zeitmessung an dem machtvollsten Peripteraltempel, dem Parthenon (Abb. 18). Auf kahlem Kalksteinkegel thront seit 432 in einsamer Höhe über der Stadt der erhabene Tempel der Patronin[29]. Pentelischer Marmor golden leuchtend, so erhebt sich majestätisch der perikleische Bau des Iktinos und Phidias, alles überragend und noch eigens erhöht durch eine die Bergkuppe verbreiternde Substruktion. Weder von einem Nachbarbau noch von Baumwuchs verstellt steht er ringsum frei, als Ganzes der Sonne dargeboten, mit einem Blick faßbar, auch in weitere Ferne, über die Unterstadt hin selbst auf das Meer hinaus als geheiligtes Wahrzeichen ausstrahlend. Der Parthenon (hier von NW) ist geostet und zwar mit einer die Nordostrichtung der Propyläen nur um 9" übertreffenden Abweichung[30]. Auf den Sonnenturnus könnten die Giebelfiguren Rücksicht genommen haben, in ihren Positionen darauf angelegt sein. Ständen die „Elgin-Marbles" noch an ihren Ursprungsplätzen, würden sie uns zuverlässiger als die Zeichnungen des Franzosen Carrey (1674)[31] davon überzeugen können, daß sich die Gruppen im Ost- und im Westgiebel nicht würden vertauschen lassen. Gilt doch für die „Geburt der Athena" (Ostgiebel) wie für den „Wettstreit zwischen Athena und Poseidon um das attische Land" (Westgiebel), daß für jede dieser Kompositionen neben frontaler Beleuchtung ihre seitliche von Süden her eingerechnet war[32]. Ich belasse es bei dieser summarischen Bemerkung, ohne zu verschweigen, daß es sich lohnen könnte, die Statuenkompositionen aus dem Ost- und Westgiebel vom Zeustempel in Olympia auch daraufhin anzusehen.

Über die Sonnenhaftigkeit des Tempels befragen wir wieder seine Säulen (Abb. 19). Das Luftbild macht unter Südsonne bei früh- oder spätsommerlicher Sonnenhöhe von rund 45° die Deklination des Tempels anschaulich: Das große Rechteck ist dem Sonnenlauf entgegengedreht, d. h. Ost-,

---

[29] Über die Zuordnung von Parthenon und Erechtheion C. A. Doxiadis: Tempelorientierung in Pauly-Wissowa RE Suppl. VII, 1293; allgemein Ad. Michaelis: Der Parthenon. Leipzig 1870/71 und neuerdings Rhys Carpenter: The Architects of the Parthenon. Penguin Books 1970.
[30] Nissen: Templum 1869: 12°53'; Penrose: Investigation 1888: 12°52'51".
[31] H. Schrade: Phidias. Frankfurt 1924.
[32] Deshalb können Gegenüberstellungen wie bei G. Rodenwaldt: Akropolis 1930, Abb. 28 und 29, als entsprächen sie sich wie Auf- und Abstieg eines und desselben Giebels, u. U. irreführend wirken: in Wahrheit Abb. 28 aus dem West-, Abb. 29 aus dem Ostgiebel.

Süd-, West- und Nordseite werden früher als bei exakter Ost-West- bzw. Nord-Südlage beschienen. Schon liegt Schatten über der Ost-, Sonnenschein auf der ganzen Westfront, aber noch vereinzeln sich die Schlagschatten ihrer Säulen nicht, sondern gehen zu einem Kontinuum ineinander über. In Kürze wird die Sonne die Meridianlinie erreichen: 12 Uhr = hora sexta[33].

Den Rundgang nach dem Tageslauf beginnen wir an der Ostfront: packender Beleuchtungsparallelismus (Abb. 20). Bei durchsichtig klarem Morgenlicht sehen wir die Licht-Schattengrenze links von der nördlichen Flankenkannelüre (also auch links unter der Quaderfuge des Epistyls), die selbst kein Sonnenstrahl mehr berührt; folglich beginnt die diametral gegenüberliegende südliche Flankenkannelüre, Licht aufzufangen. Demnach werden die Frontsäulen in einem Winkel von etwa 260° beschienen = rund 10° vor astronomischer Ostsonne. Dies macht vierzig Minuten vor 6 Uhr aus, führt also in die Frühe gegen 5^{20} Uhr. Das östliche Halbrund der Säule ist gleichmäßig bestrahlt; tiefstehende Morgensonne läßt die Kapitelle schattenfrei.

Wie Sonnenlicht von einer Kannelüre zur nächsten vorrückt, sich der Winkelung von einer zur anderen anpaßt und derart phasenweise um 18° dreht, lehrt die Doppeltafel (Abb. 21). Auf den ersten Blick meint man, eine zusammenhängende Giebelansicht vor sich zu haben, als wären nur deren Nord- und Südanstieg unter Auslassung von Mitte und First gezeigt. In Wahrheit sind zwei nicht ganz synchrone Photographien auf ein möglichst übereinstimmendes Größenmaß gebracht. Alsbald wird deutlich, daß der Südteil (links) am nordöstlichen Diagonalgrat ein fast die halbe Furche erhellendes Licht auffängt, wo am Nordteil (rechts) nur mehr ein schmaler Sonnenstreifen verbleibt. Zwischen beiden ein Unterschied von mindestens 10°–11°, und er bedeutet beim Sonnengang von 297° bis 307/8° einen Zeitabstand von vierzig bis fünfundvierzig Minuten oder etwas mehr. So ist denn dem Südteil eine Beleuchtung um 7^{48} Uhr, dem Nordteil erst um 8$^{30-40}$ Uhr zu entnehmen. Das Sonnenlicht, etwa auf den südöstlichen Diagonalgrat zielend, bedeckt das südöstliche Säulenhalbrund zwischen dem nordöstlichen und südwestlichen Diagonalgrat (212° bzw. 32°).

Wieweit Südostlicht schon seit geraumer Zeit auf der Südkolonnade liegt, haben wir hier vor Augen (Abb. 22): eine Ost-Westperspektive durch den südlichen Umgang. Die östliche Mittelkannelüre (am linken Bildrand) bildparallel gegenüber und der nordöstliche Diagonalgrat – mit dem Bruch unten – beschattet, die rechts anschließende Kehle schon größtenteils dunkel; in der zuerst betrachteten Ostkolonnade (von Norden her gesehen) war sie

---

[33] Dem Schlagschatten bei 10° ist ein Sonnenstand knapp 3° vor genauer Südsonne zu entnehmen.

noch kräftig beleuchtet. An den nordöstlichen Kannelüren ist die Sonne vorbei. Zwischen der voll belichteten Ostkehle und den nicht mehr beleuchteten Nordkannelüren die Skala der in dreimaligem Crescendo an Breite und Intensität anwachsenden Beschattungen. Die Sonne ist dem südöstlichen Säulenviertel gegenübergetreten. Eine Einstrahlung bei 284° hat den Oststand der Sonne (270°) um 14° hinter sich gelassen: Morgenfrühe knapp vor 7 Uhr, gegen 6⁵⁶ Uhr.

Dieselbe Perspektive gegen Osten (Abb. 23), Gegenbild zum vorigen, wo Südost-, hier Südwestsonne herrscht: Die südwestlichen Kannelüren sind in Licht gebadet. Genauer besehen wird der nordwestliche Diagonalgrat kräftig beschienen und schon über ihn hinaus der nördlichere Grat links linienzart angeleuchtet. Die Säulen stehen unter einem Sonneneinfall von etwa 45°, die Sonne sammelt ihr Hauptlicht auf die zweite Kehle rechts vor der westlichen Flankenkannelüre. Wir lesen rund drei Stunden nach dem 12-Uhr-Mittagsstand ab, d. h. gegen 15 Uhr = „9. Stunde". Seit dem morgendlichen Stand (284°) hat die Sonne 121° durchschritten, worüber reichlich acht Stunden dahingegangen sind. Sie bescheint nun von Südwesten her den Tempel übereck, zugleich mit der Süd- die Westkolonnade und zwar schon jetzt reichlich und stündlich mehr. Die Südseite behält noch solange Sonnenlicht, bis es orthogonal auf die Westfront trifft, und dies tritt erst bei einem Sonnenstand auf etwa 77° = 17⁰⁸ Uhr ein.

An einer Westsäule und ihren Nachbarinnen lassen sich drei Beleuchtungsstadien am frühen und am vorgeschrittenen Nachmittag demonstrieren (Abb. 24 und 25): Es sind die beiden Mittelsäulen[34]. Sogleich stellt sich links die frühere Aufnahmezeit heraus: Bei hochstehender Südsonne silhouettiert sich der Abacusschatten von der rechten (südlicheren) Nachbarsäule her und verhüllt der Geisonschatten das Metopen- und Triglyphengebälk bis an dessen Unterrand. Scharfe südliche Beleuchtung greift bis zur westlichen Mittelkehle, halb beleuchtet, halb beschattet. Die links folgende Kehle noch ganz dunkel. Sehr markantes Auftreffen der Mittagssonne unter 360° um 12 Uhr, die drei nach Süden offenen Kannelüren schattenlos erhellt, in den drei westwärts folgenden breiter und schwärzer werdende Schatten. Der Ausschnitt in Abb. 24 zeigt einen Fortschritt um eine Kannelüre weiter, nun die erste links neben der westlichen Achsenkehle scharf konturiert halb licht halb schattig. Diese Beleuchtung unter einem Einfallswinkel von 17°-18° breitet über das südwestliche Säulenviertel ungeteiltes Licht, speziell die

---

[34] Die Mittelkannelüren der Westfrontsäulen sind leicht auszumachen. Sie werden an der ersten und dritten Säule (von Norden gezählt) auf halber Höhe von je zwei Löchern in die Mitte genommen; sie mögen, wenn antik, zur Anheftung von Weihgeschenken gedient haben.

zweite Kannelüre diesseits der südlichen Flankenkehle. Ein Sonnenstand also 1 Stunde und 8–12 Minuten später als zuvor, der mithin 13⁰⁸⁻¹² Uhr konstatieren läßt. In diesen beiden Abbildungen stehen die Westsäulen unter einer früheren Konstellation als die Südsäulen des vorherigen Beispiels.

Nochmals anders nimmt sich die Westfront an derselben Säule (Nr. 3 von Süden Abb. 25) aus: Ihr westliches Halbrund steht im Licht, Achsenkannelüre und beide nördliche Nachbarn erglänzen. Südwärts nimmt die Beschattung gradweise zu bis zu einem Lichtband vor der südlichen Flankenkannelüre. Ein Sonnenstand, der schon nicht mehr orthogonal bereits der ganzen Nordkolonnade Nachmittagslicht bringt. An der nordwestlichen Ecksäule (Abb. 26 und 27) wird dies ersichtlich, sogar unter gleichen Lichtbedingungen wie soeben: Das Sonnenlicht konzentriert sich wieder auf die westliche Achsenkannelüre und auf die Kehle neben ihr, und es findet an der linken Kante der nördlichen Flankenkehle seine Grenze, bescheint sie schon breit, doch ohne die nächstfolgende Furche zu tangieren. Analog, ebenso seitlich trifft die Sonne auf die Abacusecke und streicht neben dem Geisonschatten über das Gebälk hin. Ein Lichteinfall gerade in der West-Ostrichtung um 18 Uhr.

Genug der Stundenbestimmungen. Wie sie wahrzunehmen, oder zu errechnen, durch hinreichende Gewohnheit auszumachen sind, ist, denke ich, deutlich geworden.

Noch ist bei einem für die Zeitmessungen wichtigen, schon im Vorübergehen gestreiften Gesichtspunkt zu verweilen. In der Antike, schon in Babylon, wurden über Tag und Nacht, ob Sommer oder Winter, regelmäßig je zwölf „Stunden" gezählt. Jahreszeitlich währten ihre „Stunden" verschieden lang: Auf der Höhe des Sommers, wenn unser Tag rund sechzehn Stunden à sechzig Minuten dauert, unsere Nacht nur rund acht Stunden, verlängerte sich in der Antike jede Sommer-„Stunde" bis auf achtzig Minuten, und sie verkürzte sich bis zur winterlichen Sonnenwende hin bis auf vierzig Minuten – man spricht von Saisonstundenrechnung, ὧραι καιρικαί[35]. Beim Sommersolstitium fielen und fallen Sonnenauf- und -untergang auf 238°46′ bzw. 120°, beim Wintersolstitium auf 300°10′ bzw. 60° (Abb. 28). Diese Phasen besagen bereits für unsere Winkelmessungen, daß das Wintersolstitium noch um so länger bevorsteht oder zurückliegt, je weiter der Einstrahlungswinkel im Osten unter 300° bleibt und im Westen um ebenso viel über 60° liegt. Gab es für die verschiedenen Jahreszeiten und ihre wechselnden Tageslängen optische Hinweise, etwa Markierungen am Bau oder an den

---

[35] „Saisonstundenrechnung": Pauly-Wissowa RE 18. Halbband, 2377.

Säulen, ihren Kannelierungen? Dafür fehlt m. W. jeglicher Anhalt, desgleichen dafür, daß farbige Einteilungen wie sonstige Kolorierung z. B. an Stucküberzügen (Kameiros, Olympia, Paestum) von den Jahrhunderten ausgelöscht worden wären. Indes bleibt zu bedenken, daß die am 23. Juni aufgehende Sonne nicht bloß linear und radial eine einzelne Kannelüre, sondern in aller Breite das nordöstliche Halbrund der Säule beschien und bescheint, desgleichen am 23. Dezember ihr südöstliches Halbrund, und daß mit nicht geringerer Reichweite die Westseite in sommer- und winterliches Abendlicht gesetzt wurde und wird. Grundsätzlich findet die variable Stundenzählung, -dehnung und -kürzung keine Stütze an objektiven Gegebenheiten, sofern sich die Beleuchtungsabschnitte – ungeachtet gewisser unmerklicher Schwankungen – im Wechsel der Jahreszeiten gleichbleiben. Nur wurden sie jahreszeitlich verschieden interpretiert, nämlich verabredungsgemäß gestreckt oder zusammengedrängt. Für jahreszeitliche Unterschiede brauchen *wir* nur auf die Sonnenhöhe zu achten. Die Sonne steigt und sinkt während eines Tageslaufs und nochmals auf ihrem größeren Jahresbogen. Dessen Höhenunterschiede werden an den Schlagschatten der Säulenordnungen, auch der Horizontalglieder, nicht zuletzt der Giebelschrägen sichtbar und abschätzbar.

Ein und derselbe seitliche, radiale Einfallswinkel geht mit variablen Sonnenhöhen zusammen (Abb. 29 und 30). An der Ostfront der Propyläen: nahezu stundengleiche südöstliche Sonne bis zur rechten (nördlichen) Kante der ersten Kannelüre rechts neben der Achsenkehle; am reichlichsten – und zwar in Form eines schmalen Lichtbands – Abb. 30, am spärlichsten, höchstens intermittierend, Abb. 29. Folglich dort etwas frühere Uhrzeit, trotzdem weitaus höherer Sonnenstand und steilerer Schattenschlag: Das Geison verdunkelt das ganze Gebälk nebst Abacus, der seinerseits Kapitelle und oberste Säulentrommeln in tiefreichende Schatten legt. In einem Höhenwinkel von etwa 64° fällt die Sonne steil ein, der auf Tage zwischen Sommersonnenwende und Tag- und Nachtgleiche, Anfang Mai oder Anfang August schließen läßt. Nun aber Abb. 29 etwas später trotzdem weit flacherer Sonneneinfall: Das Geison beschattet Metopen und Triglypen kaum mehr als halb, die Kapitelle bekommen noch Licht. An dem schrägen Schattenrand der mittelsten Geisonplatte mißt man einen Höhenwinkel von 30°: Vormittag nahe der Wintersonnenwende. Zwischen diese beiden stuft sich Acrop. 11 ein: Höherer Sonnenstand kündet sich in den bis zum Architrav hinunterreichenden Geison- wie in den längeren die Kapitelle bedeckenden Abacusschatten an. Für die Sonnenhöhe errechnen sich 37°, und dies mag einem Monat vor oder nach der Tag- und Nachtgleiche nahekommen, sei es Anfang November, sei es Ende Februar.

Die Westfront des Parthenon am frühen Nachmittag (Abb. 31 und 32), höchstens zwanzig Minuten auseinander. Jedoch werfen links die restlichen Tafeln des Giebelsimas tiefer hinunterreichende Schatten – eine dunkle Folie hinter der Gruppe von Kekrops und Aglaure; rechts geht der minimale Schlagschatten derselben Simaplatte fast mit der Giebelschrägen zusammen, und hell ist es hinter der Kekropsgruppe. Das eine Mal die Metopen nahezu bis zur Hälfte beschattet, das andere Mal nur bis an die Köpfe der Relieffiguren. Dort befinden wir uns dem Sommer (τὸ θέρος) näher, hier dem Frühjahr (τὸ ἔαρ) oder Herbst (ἡ ὀπώρα). Hier scheint die Sonne schon zwischen 13³⁰ und 13⁴⁵ Uhr sozusagen in Richtung der linken, nördlichen Giebelschräge, d. h. mit einem Gefälle von wenig mehr als 14° über dem Horizont[36]. Diese Sonnenhöhe wiederholt sich fünf Viertelstunden später: Die Sonne hat sich um eine Kannelüre weiter gedreht, also erst gegen 15 Uhr eine Höhe von 13°–14° erreicht (Acrop. 16).

Nun aber entgegengesetzter nördlicherer Sonnenschein (Abb. 33 und 34), Schlagschatten vom Sima und von der Kekropsgruppe nach rechts auf dem Tympanon, also Abendlicht gegen 18 Uhr oder später, das die ganze Nordkolonnade bescheint – und trotzdem noch eine Sonnenhöhe von mindestens 15°. So auch letztlich die Westfront: seitlicher Lichteinfall bei 105°, sieben Stunden nach Mittag d. h. 19 Uhr; 15° fehlen noch bis 120°, dem Extrem des Sommersolstitium = eine Stunde vor Sonnenuntergang nahe dem 23. Juni. Tiefstehende Abendsonne leuchtet durch die Doppelreihe der Säulen hinein auf halber Höhe durch das Portal. So flache Spätsonne – immerhin fast 20° über der Horizontallinie – ruft an der Säulenordnung und an allen Rahmungen überaus sparsame Schatten hervor, als gliche die ganze Front einem zeichnerischen Riß mit wenigen kräftigeren Strichen. Sommerabend, Vorahnung des Sonnenuntergangs. Wenn diese Vorgänge so ausgelegt werden dürfen, sehen wir durch die Formwerte einmal mehr Kunst und Natur ineinander greifen und sich miteinander verschlingen[36a].

Zwei stundengleiche, jahreszeitlich auseinander liegende Ansichten aus den Propyläen mit den niedriger und höher liegenden Schlagschatten der inneren Fünfportalewand (Abb. 35 und 36). Fragen wir zum Schluß nach der Brauchbarkeit solcher Erscheinungen der „vorgeschriebenen Reise" der Sonne an Tempelsäulen, nach ihrem Nutzungswert für jedermann. Dazu sei

---

[36] A. Springer-P. Wolters: a. a. O., 147, gibt die griechische Giebelneigung generell mit 13° bis 14° an; meine Angabe beruht auf eigener Messung, am Hephaisteion rund 15°.
[36a] Beachtenswerte Parallelerscheinungen hat Frau Prof. Dr. E. von Erdberg-Consten: Time and Space in Chinese Cosmography, Philippine Quarterly of Culture and Society 1973, 120ff., bekannt gemacht, für deren Mitteilung ich ihr dankbar verpflichtet bin.

daran erinnert, daß es vor dem griechischen 4. Jahrhundert keine öffentlichen Uhren gegeben hat, daß weiterhin trotz der frühen vierundzwanzigstel Teilung des Tages in Ägypten (um 1500) erst im dritten Viertel des griechischen 4. Jahrhunderts Stunden gezählt wurden und ὥρα auf die Bedeutung von „Stunde" eingeengt worden ist. Zuvor war man an beweglichere Zeitspannen gewöhnt, und Zeitabschnitte wurden meist nach Schatten*längen* bemessen und unterschieden. Wir tun aber doch wohl gut, die mathematische Organisation von Tempelbauten und die scharf durchdachte, nicht zu überbietende ἀκρίβεια in der Ausarbeitung der Säulen mit Entasis und Kannelierungen[37] mit den – in Ägypten teilweise schon früher gesichteten – Fragen und Einsichten griechischer Mathematiker auf dem Wege von der Astrologie zur Astronomie zusammenzusehen: Thales, der seinen Milesiern die Sonnenfinsternis vom 28. Mai 585 vorausgesagt[38], nach kleinasiatischen Vorgängern den lunisolaren Kalender bedacht, Schattenmessungen betrieben[39]; sein Schüler Anaximander von Milet, der dank östlicher babylonischer Anregungen um 550 die Griechen mit der Schattenuhr–Sonnenuhr bekannt gemacht; Pythagoras, der die regelmäßigen Vielflächner errechnet hat[40]. Könnten sie Baukünstlern zur Seite gestanden haben, womöglich Wegbereiter gewesen sein, gerade auch dafür, Zeitliches in Maß und Zahl am Bau einzufangen? Als die Höhe erreicht war, haben sich Hippokrates von Chios (2.H. 5. Jh. in Athen), Verfasser eines ersten Elementarbuchs der Mathematik[41], und der Athener Meton, ebenfalls zur Zeit der Akropolisbauten, durch Verbesserung des Kalenders hervorgetan, nach Vitruv (IX 6) einer der Erfinder astronomischer Rechentafeln, der als erster die Sommersonnenwende festgestellt (27./28. Juni 432) hat und dessen ἡλιοτρόπιον ein horologion – freilich unbekannter Bauart – gewesen ist[42]. Eben damals machte es der Arzt Hippo-

---

[37] Springer-Wolters: a. a. O., 148f.; G. Rodenwaldt: a. a. O., 28f.; G. Gruben: a. a. O., 168, 177ff., 308; Kirsten und Kraiker: a. a. O., I, 59ff. und 253. Die Arbeitsrechnungen für das Erechtheion aufgrund von A. F. Quast 1840 und Fr. Thiersch 1843 sowie J. M. Paton 1927.

[38] M. Pohlenz: Der hellenische Mensch. Göttingen s. a. 171; M. Cantor: a. a. O., I, 136ff.; daß das Sternbild des „Kleinen Bären" (ἡ φοινίκη, weil von Phönikiern zuerst beobachtet) den Griechen von Thales bewußt gemacht worden, hat Al. von Humboldt: Kosmos III. Stuttgart 1850, 160 vermerkt. M. P. Nilsson: Die Entstehung und religiöse Bedeutung des griechischen Kalenders. 2. Aufl., Lund 1962, 51.

[39] In der nachfolgenden Diskussion erwähnte ich aufgrund von P. Dubois: Histoire de l'Horlogerie depuis son origine jusqu'à nos jours. Paris 1849, 17ff. die im 2. Buch der Könige Kap. 20, 9ff. verzeichnete „Sonnenuhr" (anno 742) und ältere (Moses) laut Josephus I 2.

[40] M. Cantor: a. a. O., I, 153 und 174.

[41] Ebenda: 201ff.

[42] Pauly-Wissowa RE 8. Bd., 1913, 2416f. (W. Rehm) und 18. Halbband 2455ff. (W. Sontheimer).

krates zur Regel, jeweils die Ortsverhältnisse zu klären, namentlich auf die Sonnenbestrahlung zu achten, außer auf Trinkwasserbeschaffenheit und Temperaturlagen. Denken wir an Spätere: Euklid (um 300), seine „Elemente" mit Lehren vom Kreis und von Tangentenproblemen, sein Buch über Kegelschnitte (die Schnittlinie der Sonnenhöhe am Säulenschaft ähnelt einer Parabel, nicht einem Kreis[43]); sein Zeitgenosse Eratosthenes, der seiner mathematischen Geographie den Meridian von Alexandria zugrunde legte und als erster daran ging, den Erdumfang „περὶ τῆς ἀναμετρήσεως τῆς γῆς" (2. H. 3. Jh.)[44] zu errechnen; nicht zuletzt Archimedes, dem im Zusammenhang seiner Kreismessungen die Ableitungen von Sechs-, Zwölf- und Vierundzwanzigeckseiten gelungen sind[45]: Wäre es glaubhaft, daß solchen und gleich gerichteten Beobachtern und Denkern die Sonnenschritte an den Kannelüren von Tempelsäulen entgangen, daß sie ihrer nicht gewahr geworden wären? Über all dies hinaus, wohl gar nicht zu ermessen, priesterlicher Einfluß[46].

Daß den Griechen des 5. Jahrhunderts die Teilung des Tages in stundengleiche Abschnitte bekannt gewesen, steht nach W. Rehm dank Herodot außer Zweifel[47], auch schon für Anaximander und Anaximenes, denen von Babylon die Zahl 12 nahegelegt worden war. Innerhalb der δυώδεκα μέρεα τῆς ἡμέρης orientierte man sich am Schattenmaß z. B. des eigenen Körpers oder an Fußlängen, außerdem an Tafeln, auf denen für Tageszeiten[48] maßgebende

---

[43] M. Cantor: a. a. O., I, 264 und 288 ff.
[44] Er berechnete die Länge eines Grades immerhin auf 126 000 m, richtig: 110 802 m; M. Cantor: a. a. O., I, 328. Dazu Pohlenz: a. a. O., 175.
[45] M. Cantor: a. a. O., I, 301 ff. (einschließlich Kegelschnitte).
[46] Herr Prof. Charasis, der Leiter des Athener Planetariums, erklärte mir bei lebhafter Anerkennung der Richtigkeit meiner Beobachtungen, die Zeitordnungen seien Sache der Priesterschaft gewesen, dies auch der Grund dafür, daß nichts davon in die Literatur eingegangen sei (8. Mai 1972). – In ähnlicher Richtung bewegten sich Überlegungen, die in der an den Vortrag anschließenden Diskussion von Herrn Prof. Dr. H. Lausberg, Münster, geäußert wurden: Das Fehlen literarischer Belege für geplante Sichtbarmachung von Zeitphasen an den Säulen würde sich erklären lassen, wenn „folkloristische Orientierungen" und „Zusammenhänge mit der Liturgie" dahinter gestanden hätten, sehr alte volkstümliche Überlieferungen, denen die Steinmetzen gefolgt wären: kultgeschichtliche Fragen, die zu bedenken sich lohnen könnte. Es gibt Unterschwelliges aus alter urtümlicher Tradition, ohne schriftlich bekannt gemacht zu werden – auch im Bereich der Literaturwissenschaft. Ähnliche Gedankengänge (kultische Bedingtheiten) wurden von Herrn Prof. Dr. U. Scheuner, Bonn, vorgetragen.
[47] Dazu Hultsch: Pauly-Wissowa RE VII, 14. Halbband 1912, 1500 ff.
[48] Hierzu W. Sontheimer: Tageszeiten. Pauly-Wissowa RE IV A, 8. Halbband 1932, 2011 ff.: Herodot IV, 181, Xenophon An. 1.8.1. Ferner M. P. Nilsson: Primitive Time Reckoning. Lund 1920, 11: „the day of 24 hours did not take place till later, for this unit as we employ it is abstract and numerical: the primitive intellect proceeds upon immediate perceptions and regards day and night separately". Ebenda S. 37 Plinius Nat. hist. VII, 214. Siehe auch Nilsson, S. 363.

Schattenlängen verzeichnet waren – sollten auch Tafeln für Umlaufphasen der Sonne um die Säulen, für Kannelürenbelichtungen existiert haben?

An so elementaren Gebräuchen der Abschätzung von Schattenlängen gemessen wird man nicht zögern, der Licht- und Schattenskala kannelierter Säulen die Überlegenheit zuzugestehen, auch den Vorzug der Erkennbarkeit aus größeren Entfernungen. Der gesetzliche Ablauf hat eine sonst unerreichte Exaktheit und Verläßlichkeit auf seiner Seite; zu allem braucht nicht außer Acht zu bleiben, daß griechische Kalender und deren Regelungen sakralen Charakter hatten, im Grunde Sache von Priestern waren. An den Säulen konnten Tageszeiten und knappere Zeitspannen mit Hilfe leicht zu beobachtender Beleuchtungsabschnitte fixiert und vereinbart werden.

„Ex astrologia cognoscitur oriens, occidens, meridies, septentrio etiam coeli ratio ... notitiam si quis non habuerit horologiorum rationem omnino scire non poterit", hatte es bei Vitruv geheißen. In der Gewißheit, daß das kritische Urteil der Archäologen und der klassischen Philologen, der Althistoriker und der Astronomen den hier erörterten Erscheinungen gültigere Einsichten abgewinnen wird, darf ich mich mit Goethes Wort in seinem „Winckelmann" bescheiden: „Beschränkung ist überall unser Los".

Quellennachweise für die Abbildungen

Abb. 1, 7	H. Kähler: Der griechische Tempel. Berlin 1964.
Abb. 6, 12, 14, 16, 17, 21	Spyros Meletzis et Helene Papadakis: L'Acropole et le Musée. München/Zürich/Athen 1967.
Abb. 8	Photo Angeli und Co. Terni.
Abb. 9, 11, 22, 25, 26	J. Charbonneaux, R. Martin, Fr. Villard: La Grèce classique. Paris (Gallimard) 1969.
Abb. 10, 13, 15, 20, 23, 30, 33, 34	G. Rodenwaldt und W. Hege: Die Akropolis. Berlin 1930.
Abb. 24	Kupfertiefdruck V. Papaionnou, Athen.
Abb. 29	E. Diakates und S., Athen.
Abb. 27	R. Carpenter: The Architects of the Parthenon. Baltimore (Penguin Books) 1970.
Abb. 32	B. Hesaias, Athen.
Abb. 36	N. Stournaras, Athen.
Abb. 2, 3, 4, 5, 28	eigene Aufnahmen und Zeichnung.

1 Hephaisteion, Athen

2 Zeustempel, Olympia: Nordreihe von Süden gesehen

3 Zeustempel, Olympia: Südreihe von Nordosten gesehen

4   Paestum, Poseidontempel, Ostsäulen

5   Kameiros (Rhodos), Archaische Zisterne, Südansicht

6   Propyläen, Athen:
    Ionische Innensäule
    (Nordwestansicht)

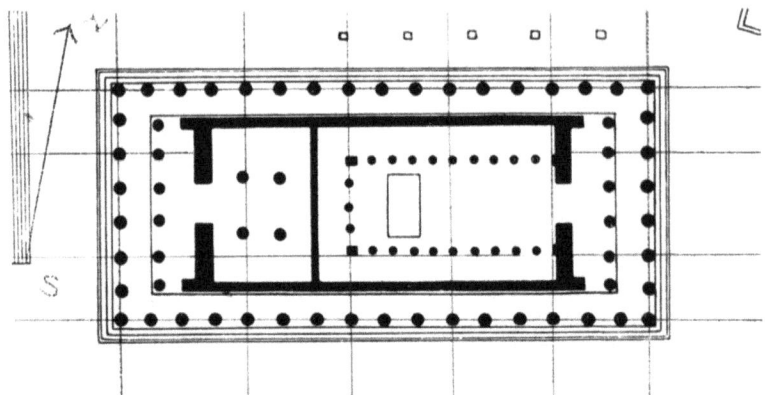

7 Parthenon, Grundriß

8 Paestum, Poseidontempel (Nordostansicht)

9 Propyläen, Ionische Innensäule
  (Südansicht)

10 Propyläen, Ionische Innensäule
   (Westansicht)

12 Erechtheion, Nordvorhalle, bei Westsonne

11 Erechtheion, Nordvorhalle, bei Ostsonne

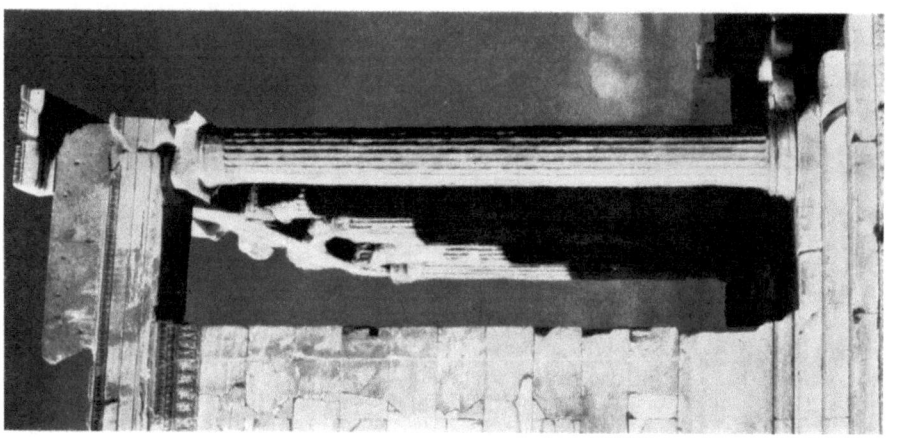

13 Erechtheion, Ost, Südsäule (Südansicht)

14 Erechtheion, Ost, Ostkolonnade

16 Propyläen, Ostvorhalle, von Osten

15 Propyläen, Ostvorhalle, von Südsüdosten

17 Propyläen, Ostvorhalle

18 Parthenon, Nordwestansicht

19 Parthenon, Luftbild aus Nordwesten

20 Parthenon, Ostkolonnade (Nordostansicht)

21 Parthenon, Ostgiebel, Süd- und Nordabschnitt

23 Parthenon, Südkolonnade, Perspektive nach Osten

22 Parthenon, Südkolonnade, Perspektive nach Westen

25 Parthenon, Westsäule

24 Parthenon, Westsäule

27 Parthenon, Nordwestecke

26 Parthenon, Nordwestsäule

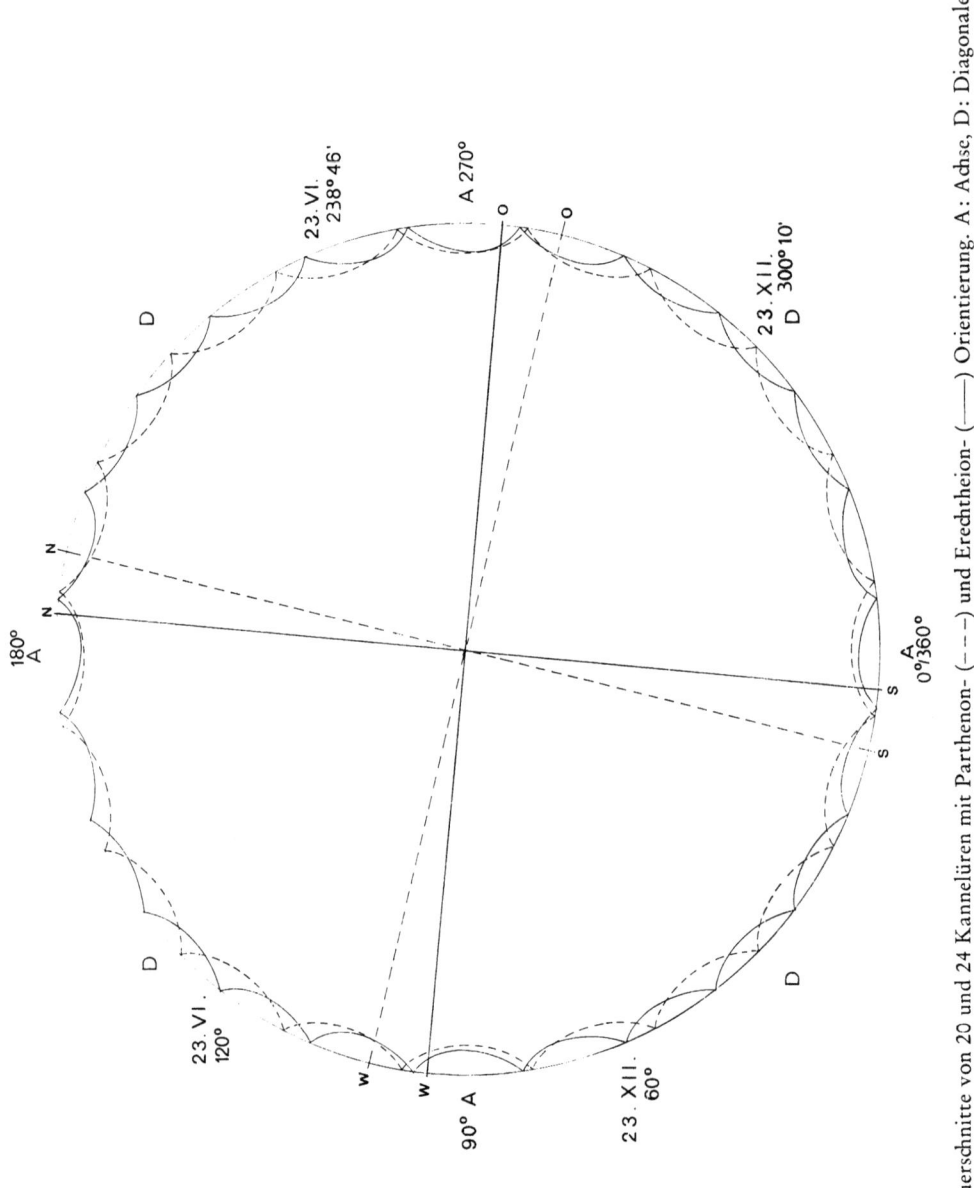

28 Querschnitte von 20 und 24 Kannelüren mit Parthenon- (– – –) und Erechtheion- (——) Orientierung. A: Achse, D: Diagonale

29 Propyläen, Ostkolonnade, Nordhälfte
   Früh- oder Spätjahr-Vormittag

30 Propyläen, Ostkolonnade, Nordhälfte
   Sommer-Vormittag

32 Parthenon West, früher Nachmittag im Frühjahr oder Herbst

31 Parthenon West, früher Nachmittag im Sommer

34 Parthenon West, Kekropsgruppe, Sommerabend

33 Parthenon West mit Kekropsgruppe, Sommerabend

35 Propyläen, Rückseite der Ostsäulen am frühen Nachmittag im Sommer

36 Propyläen, Rückseite der Ostsäulen am frühen Nachmittag im Frühjahr oder Herbst

Veröffentlichungen
der Arbeitsgemeinschaft für Forschung des Landes Nordrhein-Westfalen, jetzt: Rheinisch-Westfälische Akademie der Wissenschaften

Neuerscheinungen 1968 bis 1976

Vorträge G
Heft Nr.

GEISTESWISSENSCHAFTEN

Heft Nr.	Autor	Titel
145	Heinz-Dietrich Wendland, Münster	Die Ökumenische Bewegung und das II. Vatikanische Konzil
146	Hubert Jedin, Bonn	Vaticanum II und Tridentinum
147	Helmut Schelsky, Münster	Schwerpunktbildung der Forschung in einem Lande
	Ludwig E. Feinendegen, Jülich	Forschungszusammenarbeit benachbarter Disziplinen am Beispiel der Lebenswissenschaften in ihrem Zusammenhang mit dem Atomgebiet
148	Herbert von Einem, Bonn	Die Tragödie der Karlsfresken Alfred Rethels
149	Carl A. Willemsen, Bonn	Die Bauten der Hohenstaufen in Süditalien. Neue Grabungs- und Forschungsergebnisse
150	Hans Flasche, Hamburg	Die Struktur des Auto Sacramental „Los Encantos de la Culpa" von Calderón Antiker Mythos in christlicher Umprägung
151	Joseph Henninger, Bonn	Über Lebensraum und Lebensformen der Frühsemiten
152	François Seydoux de Clausonne, Bonn	Betrachtungen über die deutsch-französischen Beziehungen von Briand bis de Gaulle
153	Günter Kahle, Köln	Bartolomé de las Casas
154	Johannes Holthusen, Bochum	Prinzipien der Komposition und des Erzählens bei Dostojevskij
155	Paul Mikat, Düsseldorf	Die Bedeutung der Begriffe Stasis und Aponoia für das Verständnis des 1. Clemensbriefes
156	Dieter Nörr, Münster	Die Entstehung der *longi temporis praescriptio*. Studien zum Einfluß der Zeit im Recht und zur Rechtspolitik in der Kaiserzeit
157	Theodor Schieder, Köln	Zum Problem des Staatenpluralismus in der modernen Welt
158	Ludwig Landgrebe, Köln	Über einige Grundfragen der Philosophie der Politik
159	Hans Erich Stier, Münster	Die geschichtliche Bedeutung des Hellenennamens
160	Friedrich Halstenberg, Düsseldorf	Nordrhein-Westfalen im nordwesteuropäischen Raum: Aufgaben und Probleme gemeinsamer Planung und Entwicklung
161	Wilhelm Hennis, Freiburg i. Br.	Demokratisierung – Zur Problematik eines Begriffs
162	Günter Stratenwerth, Basel	Leitprinzipien der Strafrechtsreform
	Hans Schulz, Bern	Kriminalpolitische Aspekte der Strafrechtsreform
163	Rüdiger Schott, Münster	Aus Leben und Dichtung eines westafrikanischen Bauernvolkes – Ergebnisse völkerkundlicher Forschungen bei den Bulsa in Nord-Ghana 1966/67
164	Arno Esch, Bonn	James Joyce und sein *Ulysses*
165	Edward J. M. Kroker, Königstein	Die Strafe im chinesischen Recht
166	Max Braubach †, Bonn	Beethovens Abschied von Bonn
167	Erich Dinkler, Heidelberg	Der Einzug in Jerusalem. Ikonographische Untersuchungen im Anschluß an ein bisher unbekanntes Sarkophagfragment Mit einem epigraphischen Beitrag von Hugo Brandenburg
168	Gustaf Wingren, Lund	Martin Luther in zwei Funktionen
169	Herbert von Einem, Bonn	Das Programm der Stanza della Segnatura im Vatikan
170	Hans-Georg Gadamer, Heidelberg	Die Begriffsgeschichte und die Sprache der Philosophie
171	Theodor Kraus †, Köln	Die Gemeinde und ihr Territorium – Fünf Gemeinden der Niederrheinlande in geographischer Sicht
172	Ernst Langlotz, Bonn	Der architekturgeschichtliche Ursprung der christlichen Basilika
173	Hermann Conrad †, Bonn	Staatsgedanke und Staatspraxis des aufgeklärten Absolutismus Jahresfeier am 10. Mai 1971
174	Tilemann Grimm, Bochum	Chinas Traditionen im Umbruch der Zeit
175	Hans Erich Stier, Münster	Der Untergang der klassischen Demokratie

176	*Heinz-Dietrich Wendland, Münster*	Die Krisis der Volkskirche – Zerfall oder Gestaltwandel?
177	*Gerhard Kegel, Köln*	Zur Schenkung von Todes wegen
178	*Theodor Schieder, Köln*	Hermann Rauschnings „Gespräche mit Hitler" als Geschichtsquelle
179	*Friedrich Nowakowski, Innsbruck*	Probleme der österreichischen Strafrechtsreform
180	*Karl Gustav Fellerer, Köln*	Der Stilwandel in der abendländischen Musik um 1600
181	*Georg Kauffmann, Münster*	Michelangelo und das Problem der Säkularisation
182	*Harry Westermann, Münster*	Freiheit des Unternehmers und des Grundeigentümers und ihre Pflichtenbindungen im öffentlichen Interesse nach dem Referentenentwurf eines Bundesberggesetzes
183	*Ernst-Wolfgang Böckenförde, Bielefeld*	Die verfassungstheoretische Unterscheidung von Staat und Gesellschaft als Bedingung der individuellen Freiheit
184	*Kurt Bittel, Berlin*	Archäologische Forschungsprobleme zur Frühgeschichte Kleinasiens
185	*Paul Egon Hübinger, Bonn*	Die letzten Worte Papst Gregors VII.
186	*Günter Kahle, Köln*	Das Kaukasusprojekt der Alliierten vom Jahre 1940
187	*Hans Erich Stier, Münster*	Welteroberung und Weltfriede im Wirken Alexanders d. Gr.
188	*Jacques Droz, Paris*	Einfluß der deutschen Sozialdemokratie auf den französischen Sozialismus (1871-1914)
189	*Eleanor v. Erdberg-Consten, Aachen*	Die Architektur Taiwans Ein Beitrag zur Geschichte der chinesischen Baukunst
190	*Herbert von Einem, Bonn*	Die Medicimadonna Michelangelos
191	*Ulrich Scheuner, Bonn*	Das Mehrheitsprinzip in der Demokratie
192	*Theodor Schieder, Köln*	Probleme einer europäischen Geschichte Jahresfeier am 30. Mai 1973
193	*Erich Otremba, Köln*	Die „Kanalstadt". Der Siedlungsraum beiderseits des Ärmelkanals in raumdynamischer Betrachtung
194	*Max Wehrli, Zürich*	Wolframs ,Titurel'
195	*Heinrich Dörrie, Münster*	Pygmalion – Ein Impuls Ovids und seine Wirkungen bis in die Gegenwart
196	*Jan Hendrik Waszink, Leiden*	Biene und Honig als Symbol des Dichters und der Dichtung in der griechisch-römischen Antike
197	*Henry Chadwick, Oxford*	Betrachtungen über das Gewissen in der griechischen, jüdischen und christlichen Tradition
198	*Ernst Benda Karlsruhe*	Gefährdungen der Menschenwürde
199	*Herbert von Einem, Bonn*	‚Die Folgen des Krieges'. Ein Alterswerk von Peter Paul Rubens
200	*Hansjakob Seiler, Köln*	Das linguistische Universalienproblem in neuer Sicht
201	*Werner Flume, Bonn*	Gewohnheitsrecht und römisches Recht
202	*Rudolf Morsey, Speyer*	Zur Entstehung, Authentizität und Kritik von Brünings „Memoiren 1918-1934"
203	*Stephan Skalweit, Bonn*	Der „moderne Staat". Ein historischer Begriff und seine Problematik
204	*Ludwig Landgrebe, Köln*	Der Streit um die philosophischen Grundlagen der Gesellschaftstheorie
205	*Elmar Edel, Bonn*	Ägyptische Ärzte und ägyptische Medizin am hethitischen Königshof Neue Funde von Keilschriftbriefen Rames' II. aus Bogazköy
206	*Eduard Hegel, Bonn*	Die katholische Kirche Deutschlands unter dem Einfluß der Aufklärung des 18. Jahrhunderts
207	*Friedrich Ohly, Münster*	Der Verfluchte und der Erwählte. Vom Leben mit der Schuld
208	*Siegfried Herrmann, Bochum*	Ursprung und Funktion der Prophetie im alten Israel
209	*Theodor Schieffer, Köln*	Krisenpunkte des Hochmittelalters
210	*Ulrich Scheuner, Bonn*	Die Vereinten Nationen als Faktor der internationalen Politik
211	*Heinrich Dörrie, Münster*	Von Platon zum Platonismus Ein Bruch in der Überlieferung und seine Überwindung
212	*Karl Gustav Fellerer, Köln*	Der Akademismus in der deutschen Musik des 19. Jahrhunderts
213	*Hans Kauffmann, Bonn*	Probleme griechischer Säulen
214	*Ivan Dujčev, Sofia*	Heidnische Philosophen und Schriftsteller in der alten bulgarischen Wandmalerei

ABHANDLUNGEN

Band Nr.

27	*Ahasver von Brandt, Heidelberg,*	Die Deutsche Hanse als Mittler zwischen Ost und West
	Paul Johansen, Hamburg,	
	Hans van Werveke, Gent,	
	Kjell Kumlien, Stockholm,	
	Hermann Kellenbenz, Köln	
28	*Hermann Conrad †, Gerd Kleinheyer, Thea Buyken und Martin Herold, Bonn*	Recht und Verfassung des Reiches in der Zeit Maria Theresias. Die Vorträge zum Unterricht des Erzherzogs Joseph im Natur- und Völkerrecht sowie im Deutschen Staats- und Lehnrecht
29	*Erich Dinkler, Heidelberg*	Das Apsismosaik von S. Apollinare in Classe
30	*Walther Hubatsch, Bonn,*	Deutsche Universitäten und Hochschulen im Osten
	Bernhard Stasiewski, Bonn,	
	Reinhard Wittram †, Göttingen,	
	Ludwig Petry, Mainz, und	
	Erich Keyser, Marburg (Lahn)	
31	*Anton Moortgat, Berlin*	Tell Chuēra in Nordost-Syrien. Bericht über die vierte Grabungskampagne 1963
32	*Albrecht Dihle, Köln*	Umstrittene Daten. Untersuchungen zum Auftreten der Griechen am Roten Meer
33	*Heinrich Behnke und Klaus Kopfermann (Hrsg.), Münster*	Festschrift zur Gedächtnisfeier für Karl Weierstraß 1815-1965
34	*Joh. Leo Weisgerber, Bonn*	Die Namen der Ubier
35	*Otto Sandrock, Bonn*	Zur ergänzenden Vertragsauslegung im materiellen und internationalen Schuldvertragsrecht. Methodologische Untersuchungen zur Rechtsquellenlehre im Schuldvertragsrecht
36	*Iselin Gundermann, Bonn*	Untersuchungen zum Gebetbüchlein der Herzogin Dorothea von Preußen
37	*Ulrich Eisenhardt, Bonn*	Die weltliche Gerichtsbarkeit der Offizialate in Köln, Bonn und Werl im 18. Jahrhundert
38	*Max Braubach †, Bonn*	Bonner Professoren und Studenten in den Revolutionsjahren 1848/49
39	*Henning Bock (Bearb.), Berlin*	Adolf von Hildebrand Gesammelte Schriften zur Kunst
40	*Geo Widengren, Uppsala*	Der Feudalismus im alten Iran
41	*Albrecht Dihle, Köln*	Homer-Probleme
42	*Frank Reuter, Erlangen*	Funkmeß. Die Entwicklung und der Einsatz des RADAR-Verfahrens in Deutschland bis zum Ende des Zweiten Weltkrieges
43	*Otto Eißfeldt †, Halle, und Karl Heinrich Rengstorf (Hrsg.), Münster*	Briefwechsel zwischen Franz Delitzsch und Wolf Wilhelm Graf Baudissin 1866–1890
44	*Reiner Haussherr, Bonn*	Michelangelos Kruzifixus für Vittoria Colonna. Bemerkungen zu Ikonographie und theologischer Deutung
45	*Gerd Kleinheyer, Regensburg*	Zur Rechtsgestalt von Akkusationsprozeß und peinlicher Frage im frühen 17. Jahrhundert. Ein Regensburger Anklageprozeß vor dem Reichshofrat. Anhang: Der Statt Regenspurg Peinliche Gerichtsordnung
46	*Heinrich Lausberg, Münster*	Das Sonett *Les Grenades* von Paul Valéry
47	*Jochen Schröder, Bonn*	Internationale Zuständigkeit. Entwurf eines Systems von Zuständigkeitsinteressen im zwischenstaatlichen Privatverfahrensrecht aufgrund rechtshistorischer, rechtsvergleichender und rechtspolitischer Betrachtungen
48	*Günther Stökl, Köln*	Testament und Siegel Ivans IV.
49	*Michael Weiers, Bonn*	Die Sprache der Moghol der Provinz Herat in Afghanistan
50	*Walther Heissig (Hrsg.), Bonn*	Schriftliche Quellen in Mogˈolī. 1. Teil: Texte in Faksimile
51	*Thea Buyken, Köln*	Die Constitutionen von Melfi und das Jus Francorum
52	*Jörg-Ulrich Fechner, Bochum*	Erfahrene und erfundene Landschaft. Aurelio de'Giorgi Bertòlas Deutschlandbild und die Begründung der Rheinromantik

53	*Johann Schwartzkopff (Red.), Bochum*	Symposium ‚Mechanoreception'
54	*Richard Glasser, Neustadt a. d. Weinstr.*	Über den Begriff des Oberflächlichen in der Romania
55	*Elmar Edel, Bonn*	Die Felsgräbernekropole der Qubbet el Hawa bei Assuan. II. Abteilung. Die althieratischen Topfaufschriften aus den Grabungsjahren 1972 und 1973
56	*Harald von Petrikovits, Bonn*	Die Innenbauten römischer Legionslager während der Prinzipatszeit
57	*Harm P. Westermann u. a., Bielefeld*	Einstufige Juristenausbildung. Kolloquium über die Entwicklung und Erprobung des Modells im Land Nordrhein-Westfalen
58	*Herbert Hesmer, Bonn*	Leben und Werk von Dietrich Brandis (1824-1907) – Begründer der tropischen Forstwirtschaft. Förderer der forstlichen Entwicklung in den USA. Botaniker und Ökologe
59	*Michael Weiers, Bonn*	Schriftliche Quellen in Mogolī, 2. Teil: Bearbeitung der Texte
60	*Reiner Haussherr, Bonn*	Rembrandts Jacobssegen Überlegungen zur Deutung des Gemäldes in der Kasseler Galerie

Sonderreihe
PAPYROLOGICA COLONIENSIA

Vol. I
Aloys Kehl, Köln

Der Psalmenkommentar von Tura, Quaternio IX (Pap. Colon. Theol. 1)

Vol. II
Erich Lüddeckens, Würzburg,
P. Angelicus Kropp O. P., Klausen,
Alfred Hermann † und Manfred Weber, Köln

Demotische und
Koptische Texte

Vol. III
Stephanie West, Oxford

The Ptolemaic Papyri of Homer

Vol. IV
Ursula Hagedorn und Dieter Hagedorn, Köln,
Louise C. Youtie und Herbert C. Youtie,
Ann Arbor

Das Archiv des Petaus (P. Petaus)

Vol. V
Angelo Geißen, Köln

Katalog Alexandrinischer Kaisermünzen der Sammlung des Instituts für Altertumskunde der Universität zu Köln
Band I: Augustus-Trajan (Nr. 1-740)

Vol. VI
J. David Thomas, Durham

The epistrategos in Ptolemaic and Roman Egypt
Part 1: The Ptolemaic epistrategos

Vol. VII
Bärbel Kramer und
Robert Hübner (Bearb.), Köln

Kölner Papyri (P. Köln)
Band 1

SONDERVERÖFFENTLICHUNGEN

Der Minister für Wissenschaft und Forschung des Landes Nordrhein-Westfalen

Jahrbuch 1963, 1964, 1965, 1966, 1967, 1968, 1969, 1970 und 1971/72 des Landesamtes für Forschung

Verzeichnisse sämtlicher Veröffentlichungen der Arbeitsgemeinschaft für Forschung des Landes Nordrhein-Westfalen, jetzt: Rheinisch-Westfälische Akademie der Wissenschaften, können beim Westdeutschen Verlag GmbH, Postfach 300 620, 5090 Leverkusen 3 (Opladen), angefordert werden

MIX
Papier aus verantwortungsvollen Quellen
Paper from responsible sources
FSC® C105338

If you have any concerns about our products,
you can contact us on
ProductSafety@springernature.com

In case Publisher is established outside the EU,
the EU authorized representative is:
**Springer Nature Customer Service Center GmbH
Europaplatz 3, 69115 Heidelberg, Germany**

Printed by Libri Plureos GmbH
in Hamburg, Germany